虫虫的
小知识与大秘密

了不起的虫虫
科普绘本

授粉"小超人"熊蜂

[法] 韦罗妮可·科希 著

[法] 奥利维埃·吕布隆 绘

胡婧 译

GUANGXI NORMAL UNIVERSITY PRESS
广西师范大学出版社
·桂林·

你这个"戴眼镜的两脚兽"，一定是中暑出现幻觉了！快戴上一顶鸭舌帽，给脑袋降降温吧！

哇！一片紫红色的车轴草花田！
我真是太幸福了！

你这个冒失的
家伙！刚才发出嗡
嗡声的是你吗？

我是一只熊蜂，飞行时当然会嗡嗡响啦！

我看你怎么更像是一只胡吃海塞发了福的蜜蜂呢？

别拐弯抹角啦，你还不如
直接叫我"胖子"呢！

嘿嘿，你的腰围比一根小树枝还粗。
哟！原来你不仅身体胖胖的，全身还
是毛茸茸的呢！

8

别碰我！我这身绒毛可不是摆设，它们能够帮我采集更多的花粉。明白吗？

你这么做不就等于抢了蜜蜂的饭碗吗？难道你不觉得羞愧吗？

地球上的花朵属于所有的昆虫！我们应该共享这个天然的"储食柜"。如果你还为蜜蜂鸣不平，那实话告诉你吧：我们熊蜂的口器比蜜蜂的要长得多，因此我们能吮吸到蜜蜂无法够到的花蜜！

好吧，既然你都这么说了……

夏季到来的时候，成千上万朵鲜花竞相绽放。我会从一朵花飞到另一朵花上采集花蜜。那可真是一场饕餮盛宴！

你会邀请邻居们一起来享用吗？

别打岔，我还没说完。饱餐过后，
我从头到脚都会沾满花粉！

哈哈！那不就像一顶落满了
灰尘的假发套吗？

我不明白你为什么要笑，我可是在做义务搬运工呀！我会把从一朵花上获取的花粉送给另一朵花……就像行侠仗义的罗宾汉一样！

你能告诉我，你为什么要这么做吗？

为了使地球上长满各种各样的植物！这些可怜的植物伙伴受根系的束缚而无法自由移动，因此很难只靠自己完成受精，要产生后代还真不容易！

我明白了，原来你是个职业的"婚姻介绍人"呀！

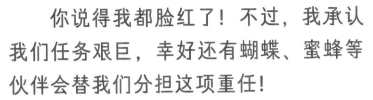

你说得我都脸红了！不过，我承认我们任务艰巨，幸好还有蝴蝶、蜜蜂等伙伴会替我们分担这项重任！

终于又说回蜜蜂啦，在我的印象中，它们才是传播花粉的使者……

快更新你的知识库吧！要知道，我们捍卫的是一项全球性的事业。所有的热心参与者都应当受到鼓励！

了不起！

与授粉"小超人"熊蜂
一起并肩作战！

为了拯救地球！

没有了植物，地球上的其他生命也将消失。
所以说，我是拯救世界的超级英雄！

既然你这么伟大，那人们
应该都认识你吧？

你戳到了我的痛处。作为一只熊蜂，我最受不了的就是人们总把我与蜜蜂混为一谈，更有一些人把我当成雄性蜜蜂！

哎哟，这可真是好笑，人们太不了解你了！

熊蜂是不折不扣的"授粉专家"。你对此仍抱有怀疑的态度吗？不妨读一读下面的内容吧。

- 熊蜂是一种毛茸茸且体形较大的昆虫！当它们在花丛中采蜜时，它们的绒毛上会沾满花粉。由于绒毛十分浓密，所以它们能携带的花粉数量惊人。这些花粉会被它们从一朵花带到另外一朵花上。植物受根系束缚无法移动，如果没有熊蜂等授粉昆虫，那么植物间相互授粉的概率将会变得非常小。所以对植物而言，熊蜂帮了它们一个大忙。

- 为什么授粉如此重要呢？因为有了花粉，花儿们才能孕育出种子或下一代！这就是所谓的"繁殖"。与其说熊蜂是在为花朵授粉，不如说它是在帮助植物繁衍后代！扮演着这种角色的还有其他的小昆虫，如蜜蜂、瓢虫、蝴蝶……

SHOUFEN XIAO CHAOREN XIONGFENG
授粉"小超人"熊蜂

出版统筹：汤文辉　　　　　　责任编辑：宋婷婷

品牌总监：张少敏　　　　　　美术编辑：刘淑媛

质量总监：李茂军　　　　　　营销编辑：赵　迪　欧阳蔚文

版权联络：郭晓晨　张立飞　　　　　　　　张　建

责任技编：郭　鹏

Super copains du jardin: Super Bourdon
Author : Véronique Cauchy
Illustrator : Olivier Rublon
Copyright © 2022 Editions Circonflexe (for Super copains du jardin : Super Bourdon)
Simplified Chinese edition © 2024 Guangxi Normal University Press Group Co., Ltd.
Simplified Chinese rights are arranged by Ye ZHANG Agency (www.ye-zhang.com)
All rights reserved.

著作权合同登记号桂图登字：20-2023-230 号

图书在版编目（CIP）数据

虫虫的小知识与大秘密：全 3 册. 授粉"小超人"熊蜂 /（法）韦罗妮可•科希著；
（法）奥利维埃•吕布隆绘；胡婧译. --桂林：广西师范大学出版社，2024.3
（神秘岛. 奇趣探索号）
ISBN 978-7-5598-6691-2

Ⅰ. ①虫… Ⅱ. ①韦… ②奥… ③胡… Ⅲ. ①熊蜂属—少儿读物 Ⅳ. ①Q95-49

中国国家版本馆 CIP 数据核字（2024）第 015120 号

广西师范大学出版社出版发行

（广西桂林市五里店路 9 号　邮政编码：541004　）
　网址：http://www.bbtpress.com
出版人：黄轩庄
全国新华书店经销
北京博海升彩色印刷有限公司印刷
（北京市通州区中关村科技园通州园金桥科技产业基地环宇路 6 号　邮政编码：100076）
开本：889 mm × 1 194 mm　1/16
印张：2.25　　　　字数：33 千
2024 年 3 月第 1 版　　　2024 年 3 月第 1 次印刷
定价：59.00 元（全 3 册）

如发现印装质量问题，影响阅读，请与出版社发行部门联系调换。